中国公共气象服务白皮书

2014年

中国公共气象服务

◎中国气象局

气象出版社
China Meteorological Press

图书在版编目(CIP)数据

2014年中国公共气象服务 / 中国气象局编. — 北京：气象出版社，2015.8

ISBN 978-7-5029-6205-0

Ⅰ. ①2… Ⅱ. ①中… Ⅲ. ①气象服务－白皮书－中国－2014 Ⅳ. ①P451

中国版本图书馆CIP数据核字(2015)第204081号

出版发行：气象出版社

地　　址：北京市海淀区中关村南大街46号　　**邮政编码**：100081

总 编 室：010-68407112　　**发 行 部**：010-68409198，68406961

网　　址：http：// www.qxcbs.com　　**E-mail**：qxcbs@cma.gov.cn

责任编辑：张锐锐　李香淑　杨柳妮　　**终　　审**：成秀虎

封面设计：燕　彤　　**责任技编**：赵相宁

印　　刷：北京地大天成印务有限公司

开　　本：700 mm×1000 mm　1/16　　**印　　张**：2.75

字　　数：49千字

版　　次：2015年8月第1版　　**印　　次**：2015年8月第1次印刷

定　　价：16.00元

前　　言

公共气象服务是中国政府公共服务和国家防灾减灾体系的重要组成部分，是利用公共气象资源向公众、社会各行各业和政府决策部门提供公益性气象服务的社会生产活动。新中国成立以来，中国各级气象部门始终坚持把气象服务作为气象工作的出发点和归宿，坚持公共气象服务的发展方向，坚持面向民生、面向生产、面向决策提升气象服务能力，把保护人民生命财产安全以及为国民经济建设和国防建设服务作为气象服务的根本宗旨，在公众气象服务、决策气象服务、国家重大活动气象保障服务、重大区域发展规划和重大公共工程项目建设、积极应对气候变化，以及为重要国民经济部门和行业提供专业气象服务方面取得明显进展。

为全面总结中国公共气象服务工作，搭建气象部门与公众之间的桥梁，中国气象局特组织编制年度《中国公共气象服务白皮书》，并向社会公开发布。

《中国公共气象服务白皮书》以气象部门公共气象服务年度工作为主要内容，系统展现中国气象部门年度公共气象服务的主要工作进展、质量和成效，以及在公共气象服务各个分领域的主要成果，为广大公众和社会各界深入了解公共气象服务的基本职责和最新进展提供可靠翔实的参考文本。

目　录

前　言

一、2014 年公共气象服务概述　1

（一）中国天气气候的特点　3

（二）公共气象服务质量和成效　3

（三）公共气象服务提供方式　8

（四）公共气象服务法治和体制机制建设　9

二、2014 年公共气象服务分类进展　13

（一）应急减灾服务　15

（二）应对气候变化服务　16

（三）气象为农服务　16

（四）城市气象服务　18

（五）海洋气象服务　19

（六）环境气象服务　20

（七）交通气象服务　21

（八）旅游气象服务　22

（九）能源气象服务　22

（十）流域水文气象服务　23

（十一）地质灾害气象服务　24
（十二）森林草原火险气象服务　25
（十三）人工影响天气服务　25
（十四）气象科普　26
（十五）其他　27

结束语　29

附录　中国公共气象服务的发展历程　33

一、2014年公共气象服务概述

（一）中国天气气候的特点

2014年，中国气温偏高，降水接近常年，气候属正常年景，暴雨洪涝、干旱等灾害轻，因灾造成人员伤亡和经济损失明显偏少，属于气象灾害偏轻年份。全国平均气温10.1℃，较常年偏高0.5℃。全国平均降水量636.2毫米，接近常年。华南入汛早；西南雨季开始晚、结束早、雨量少；梅雨区降水量南多北少；华北雨季不明显；华西秋雨开始早、结束晚、雨量多。全国大部日照数偏少，北方大部、江淮、江汉、江南北部与西部、西南地区大部偏少200～400小时。登陆中国的台风5个，较常年偏少2.2个。

2014年，中国南方部分地区暴雨洪涝多，华西、黄淮秋雨频繁；东北和黄淮伏旱严重；华北、黄淮5月遭遇极端高温，长江中下游出现凉夏；台风活动少，但登陆强度大，超强台风"威马逊"致灾重。全国小风日数多，总体看，气象条件不利于大气污染物扩散，共出现13次大范围持续性的霾天气过程。

（二）公共气象服务质量和成效

2014年，各级气象部门认真履行气象灾害监测、预报预警、信息发布及应急响应职责，及时为各级党委政府提供决策气象服务，为公众和各行各业提供气象灾害预报预警服务，为中国经济社会发展提供了有力保障。

公共气象服务能力稳步提升。全国自动气象站乡镇覆盖率达到94%。全国24小时晴雨预报准确率、最高气温和最低气温预报准确率首次全部超过80%。其中，24小时晴雨预报准确率为87.5%（图1），最高气温和最低气温预报准确率分别达到80.2%和84.4%。24小时、48小时台风平均路径预报误差呈逐年减少趋势（图2），2014年分别为78千米和139千米，继续处于世界领先水平。全国粮食总产量预报准确率为99.9%，为全国粮食产量“十一连增”提供气象服务保障。

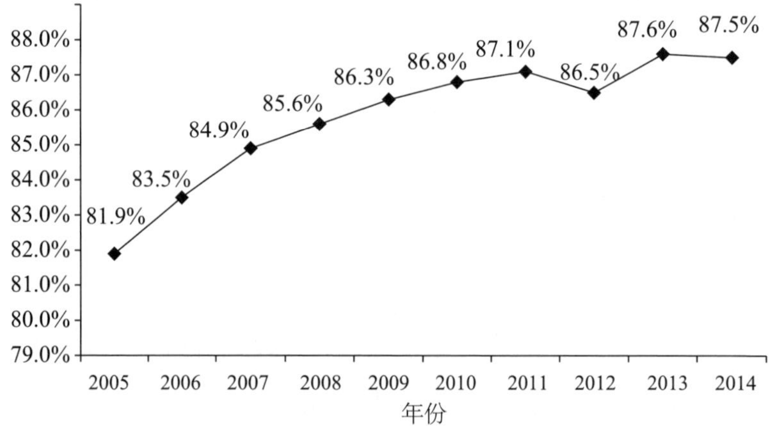

图1　2005—2014年全国24小时晴雨预报准确率趋势图

（数据来源：中国气象局）

中国全年因暴雨、山洪、台风等重大气象灾害造成的人员伤亡人数明显减少。台风“威马逊”造成人员伤亡76人，明显低于历史同等强度的2006年第8号台风“桑美”（死亡483人）和1973年第14号台风（死亡903人）所造成的伤亡影响。因气象灾害造成的直接经济损失较2013年降低29.2%。全年人工影响天气的增雨目标区面积506万千米^2，增加降水484亿米^3，防雹作业保护面积58万千米^2。

国家统计局调查显示，2012年至2014年，全国公众气象服务满意度一直保持在85.0分以上（图3）。其中，2014年全国公众气象服务满意度为85.8分，城市公众的满意度为84.8分，农村公众的满意度为87.0分。

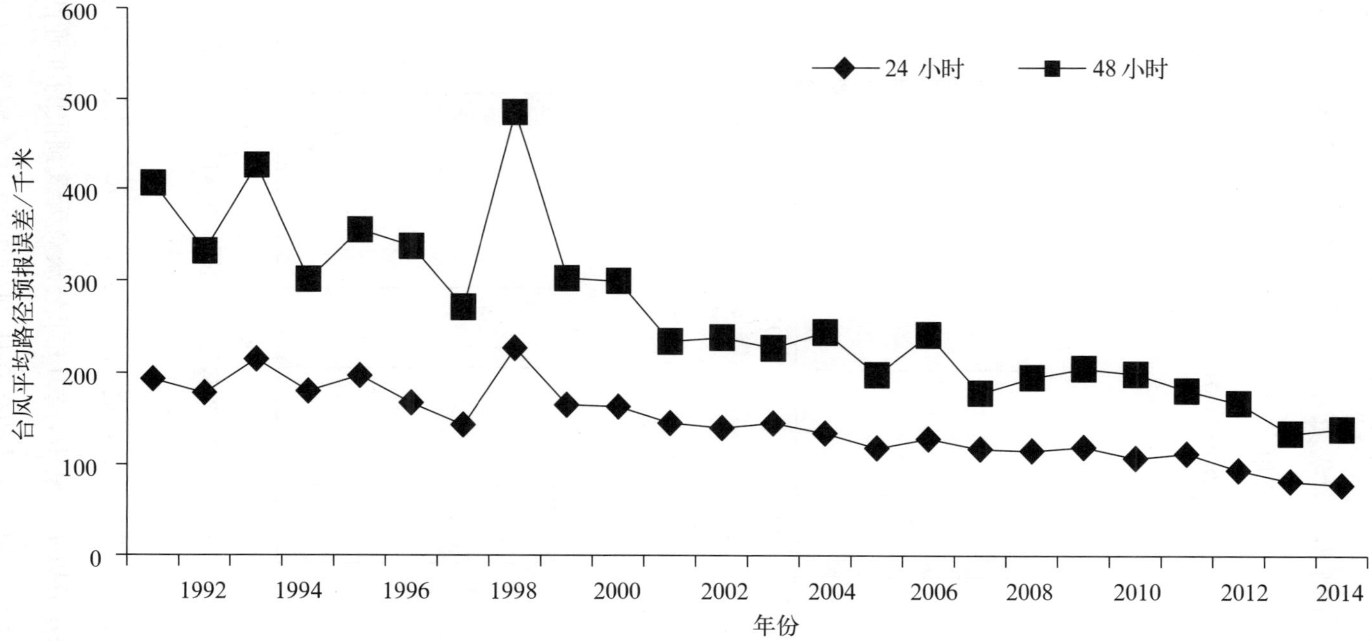

图 2　1991—2014 年中国气象局台风平均路径预报误差趋势图

（数据来源：中国气象局）

2014 年公众对气象灾害预警服务的满意度明显提升，为 85.6 分，较 2013 年提高 4.2 分。其中，农村公众对气象灾害预警服务的满意度为 87.3 分，高于城市公众对气象灾害预警服务的满意度 84.2 分(图 4)。有 63.3%的公众对气象灾害预警信号的了解程度较高。

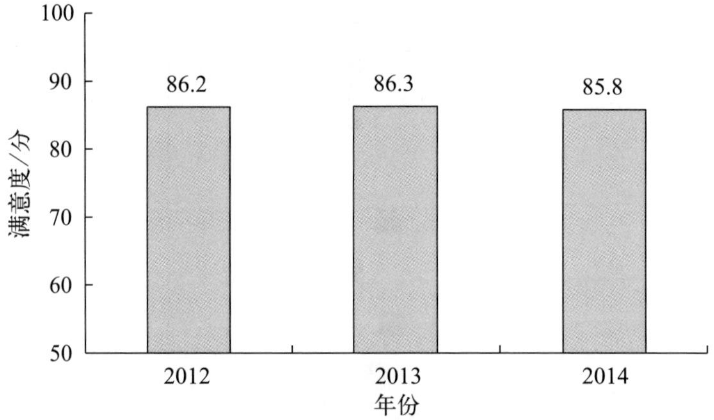

图 3　2012—2014 年全国公众气象服务满意度对比图

（数据来源：中国国家统计局）

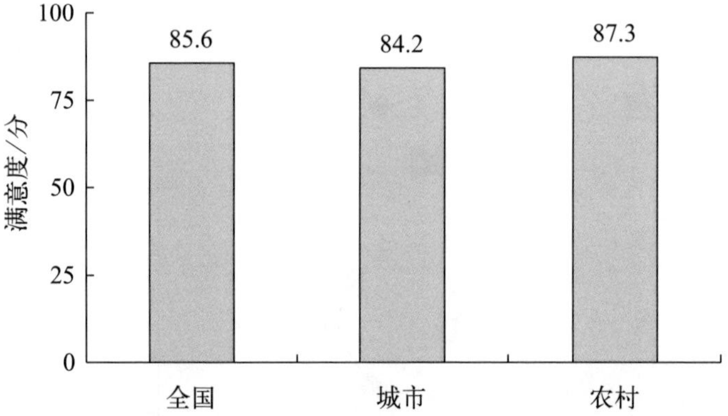

图 4　2014 年全国(城市、农村)公众对气象灾害预警服务的满意度对比图

（数据来源：中国国家统计局）

根据国家统计局调查显示，近三年，公众对天气预报的准确性评价一直保持在 76.0 分以上，其中，2014 年公众对天气预报的准确性评价为 76.3 分，认为天气预报“准确”的公众比例较 2013 年有所增长(图 5)。

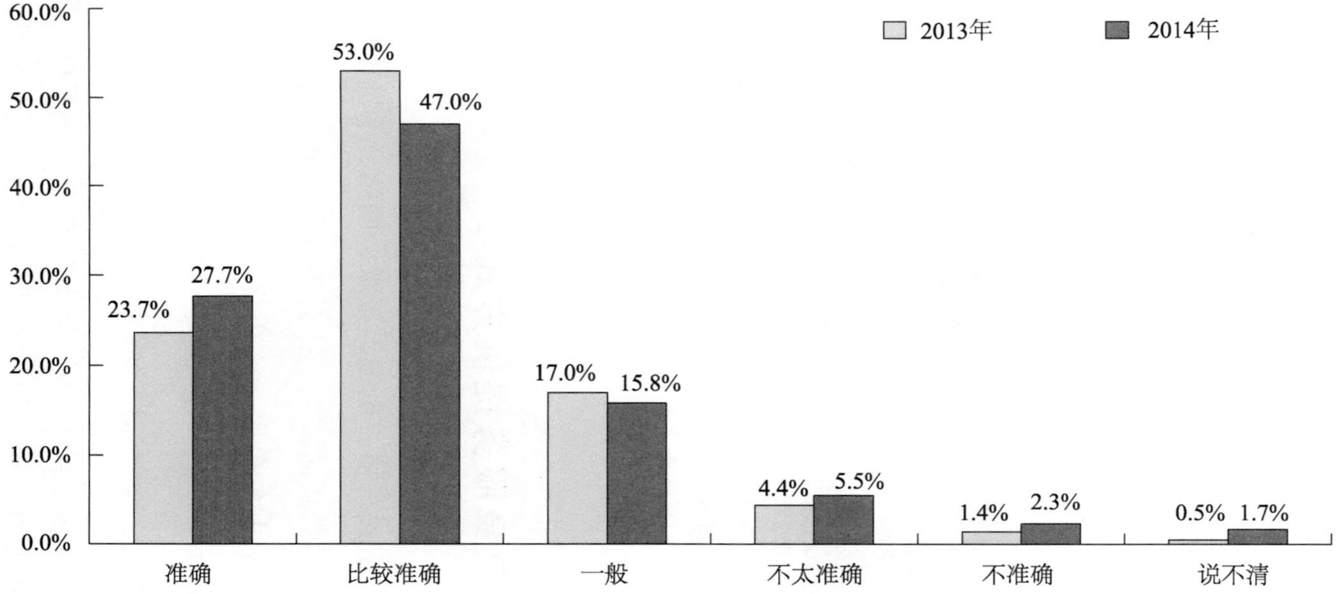

图 5　2013—2014 年公众对天气预报准确性评价的等级分布图

（数据来源：中国国家统计局）

对气象信息接收的及时性和发布的便捷性评价分别为 87.4 分和 89.8 分(图 6)，较 2013 年分别提高 1.3 分和 0.4 分。

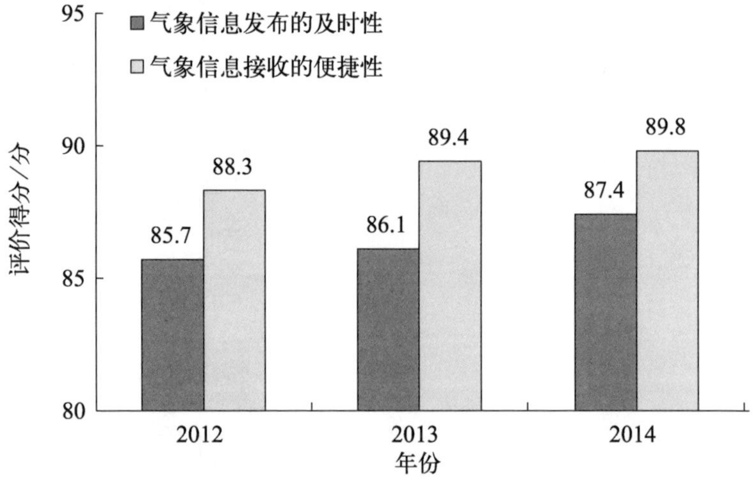

图 6　2012—2014 年全国公众对气象信息发布的及时性和接收的便捷性评价对比图
(数据来源：中国国家统计局)

(三)公共气象服务提供方式

中国气象部门通过广播、电视、报纸、网站、手机客户端、专用预警发布平台等多种渠道向公众、社会各行各业和政府决策者提供公共气象服务。中国公共气象服务公众覆盖率在 90%以上，中央电视台新闻联播天气预报、中国气象频道、中国天气网、中国天气通等已发展成为有影响力的公众气象服务品牌。

中国气象影视服务覆盖了 27 个国家级社会媒体平台，每日首播节目 143 档，全年节目首播量为 48452 档，时长 2006 小时。中国气象频道在全国 31 个省(区、市)的 314 个地级以上城市落地，覆盖数字电视用户约9200万户。建立了覆盖中国近海海域的8个海洋气象广播电台。2014年，重大天气事件电视直播连线近230档，总计发布各类预警预报信息3500余条；制作气象科普宣传节目1239档，农业气象节目3370档。

各地气象部门共开通官方网站146个、官方微博1200余个、官方微信313个、手机客户端60个。气象官方微博发布气象信息278万条，粉丝超过3000万。中国最大的气象服务类网站中国天气网（http：//www.weather.com.cn）日最高浏览量超过2686万页。中国兴农网（http：//www.xn121.com）全年发布各类资讯信息7600余条，注册会员增加到近24.7万名。手机应用程序中国天气通总装机量突破7500万，月活跃用户超过1100万。

2014年，由中国气象局牵头建设的国家突发事件预警信息发布网（http：//www.12379.cn）建成并投入运行。农村气象灾害风险预警服务平台基本建成。通过气象灾害预警服务部际联动平台，及时向29个成员单位的部际联络员发送订制服务产品邮件和短信息，向26个部门、61个单位的273名管理、技术人员发送中国气象局决策服务手机彩信报。气象服务热线（400-6000-121）用户总拨打量为82414人次，同比增长13.02%；受理业务22695次，同比增长24.64%。

2014年，中国气象局编制并公开出版了图书、手册、宣传单页等多种形式的科普读物50余种，总印数近80万册。《中国气象报》全年出版报纸240期，日发行7.9万份。《气象知识》出版8期，期订阅量6万册。

（四）公共气象服务法治和体制机制建设

中国历来高度重视公共气象服务的法治建设，目前已初步建成了以《中华人民共和国气象法》(以下简称《气象法》)为核心，若干气象行政法规、部门规章、地方性气象法规、地方政府气象规章和国际气象公约构成的相互联系、相互补充、协调一致的公共气象法律体系。1999年10月，《气象法》经第九届全国人大常委会审议通过，于2000年1月1日起实施，并于2009年8月和2014年8月进行了两次修正。《气象法》是中国气象领域的首部法律，规范了气象设施的建设与管理、气象探测、气象预报与灾害性天气警报、气象灾害防御、气候资源开发利用和保护等活动。《气象法》的颁布实施，推动了中国特色气象事业的快速、健康、持续发展，为气象服务经济社会发展和人民安全福祉提供了重要法律保障。

国务院先后于2002、2010、2012年制定出台了与《气象法》相配套的《人工影响天气管理条例》、《气象灾害防御条例》和《气象设施和气象探测环境保护条例》等3部行政法规。截至2014年底，具有立法权的地方人民代表大会及其常委会制定出台地方气象法规88部。

依照气象法律、行政法规的授权，截至2014年底，中国气象局先后制定出台《气象探测环境和设施保护办法》、《施放气球管理办法》等25部部门规章，其中现行有效16部；具有立法权的地方人民政府制定出台地方政府气象规章112部。

中国目前已初步形成门类齐全、结构清晰、涵盖公共气象主要业务服务领域的气象标准体系，包括气象基础与综合、气象仪器与观测方法、气象基本信息、气象防灾减灾、气候与气候变化、卫星气象与遥感应用、空间天气监测预警、农业气象、人工影响天气、雷电灾害防御、风能太阳能气候资源、大气成分观测预报预警服务、气象影视等13个分体系。截至2014年底，发布实施的气象领域国家标准54

项，地方标准 281 项，气象行业标准 258 项。

中国公共气象服务采取以气象部门提供为主、相关行业和社会力量参与提供、气象主管机构负责行业管理的体制，由此形成了四级行政管理和五级公共气象服务的格局。四级行政管理包括中国气象局、省级气象局、地市级气象局、县市级气象局。五级公共气象服务包括国家级、省级、地市级、县级和乡镇级气象服务中心(或服务站)。截至 2014 年底，全国有省(区、市)气象局 31 个，地(市、州、盟)气象局 329 个，县(市、旗)气象局 2152 个(含 346 个县级市气象局、241 个县级区气象局、1565 个县气象局)，乡镇气象信息服务站 7.8 万个。中国有多个行业设置气象机构开展特定领域的公共气象服务，如民航、军队、兵团、农垦、森工、盐业、水文等，其行业气象机构隶属于相关行业主管部门，接受气象部门的行业管理和业务指导。随着气象服务市场的逐步开放，社会企业也开始参与提供公共气象服务，接受气象部门的行业管理。

在长期的公共气象服务实践中，中国建立了“政府主导、部门联动、社会参与”的气象防灾减灾机制。在政府主导方面，中央和地方人民政府以最大限度地减轻人员伤亡、减少财产损失、保障经济发展和社会安定为目标，负责气象灾害防御工作的行政组织协调、发展规划制定、政策法规建设、公共财政投入、基础设施建设、完善管理体制和减灾队伍建设，确保气象防灾减灾工作的有效开展。在部门联动方面，构建部门联动协调委员会、联络员会议制度、信息资源共享机制和应急响应联动机制，以气象灾害预警信息为“消息树”，实现部门间的灾害应急响应联动、信息通报共享联动、灾害预报会商联动。在社会参与方面，积极支持和推动社会力量参与气象防灾减灾工作，高度重视气象信息员、气象志愿者和基层社区等社会力量在气象防灾减灾中作用的发挥，逐步实现政府主导、自上而下与基层自发、自下而上的气象防灾减灾相结合。

加强部门合作，形成防灾减灾合力，是强化气象防灾减灾社会职能、构建气象防灾减灾体系的重要举措。2014 年，中国气象局以气象灾害预警服务部际联络员会议为抓手，深化部门合作，实现与交通、水利、农业、林业等 15 个部(委、局)的信息共享，建立完善气象灾害预警服务部际联动平台，研发了面向各部委的气象预警信息服务手机客户端。

加强气象灾害的联合应对。中国气象局与国土、交通、林业、环境保护等部门建立了联合会商、信息联合发布和气象灾害联合应对机制，2014 年组织了 38 次气象灾害多部门会商，联合制作发布地质灾害气象风险预警、森林火险气象预警、交通气象预报和重污染天气预警。基本实现地质灾害风险预警服务覆盖全国所有地质灾害隐患点，交通气象预警服务覆盖全国高速公路和西部主要国道，森林火险预警服务覆盖全国主要林区。与农业部联合推进“直通式”气象为农服务，为 54.8 万新型农业经营主体提供定制服务。与民政部门建立重大气象灾情联合调查机制，共建防灾减灾气象信息服务站，联合建设综合防灾减灾社区 1047 个。初步建立气象灾害监测、预报、预警、信息发布、预案执行、多部门联合应对以及灾后评估为一体的气象灾害防御链。

二、2014年公共气象服务分类进展

（一）应急减灾服务

应急减灾服务是气象防灾减灾服务的重要组成部分，是公共气象服务的重要内容。近年来，中国气象部门以气象灾害风险预警和部门联动为抓手，向公众和社会各行各业发布各类极端天气事件预报预警，为政府机构组织应急减灾工作提供重大气象决策服务保障，有效提升了应急减灾的服务效果。

2014 年，中国气象局向政府决策部门报送《重大气象信息专报》98 期，《气象灾害预警服务快报》118 期，专题报告 33 期；完成中央国家有关部委约稿 22 期；制作国务院及有关部委会议材料 28 期。

中国气象局启动气象、地震等重大自然灾害应急响应时长 49 天。为应对超强台风"威马逊"启动了重大气象灾害Ⅰ级应急响应；为应对云南鲁甸地震启动抗震救灾气象服务应急响应。国家级业务单位共发布暴雨、台风、强对流、高温、海上大风等气象灾害预警 539 次，为 40 亿人次提供了预警服务。各级政府根据气象预报预警信息和决策气象服务建议，先后组织 535.6 万人安全转移，减少和避免了重大人员伤亡。

2014 年，中国气象局圆满完成了南京青奥会、北京 APEC 会议、青岛世园会等重大活动气象保障服务，以及全国"两会"、春运等重要专项气象服务，圆满完成了 2022 年冬奥会申办相关气象服务任务。

健全与农业、国土等部门的联合会商和应急联动工作机制。国家级、省级和地市级突发事件预警信息发布系统投入运行，实现气象、海洋、地质灾害、森林草原火险、重污染天气等预警信息的统一发布。

（二）应对气候变化服务

全球气候变化背景下极端天气气候事件频发，给中国经济社会发展和人民生命财产安全带来了严重影响。中国气象局向政府决策部门和社会提供全球和全国气候监测、气候影响评价、气候公报、重大天气气候事件监测等服务产品，为中国政府积极应对气候变化、新能源战略结构调整和建设生态文明提供决策支撑。

2014年，中国气象局有力支撑国家气候变化专家委员会围绕中国碳排放峰值、联合国气候变化峰会、中美气候变化联合声明等研究提交了10余份咨询报告，完成政府间气候变化专门委员会（IPCC）第五次评估报告政府评审、谈判及宣讲工作。发布了《中国气候变化监测公报》、《中国温室气体公报》和《气候变化绿皮书》。为中国政府制作了《应对气候变化——中国在行动》中、英、法、西四种语言宣传片。联合有关部门完成了《第三次国家气候变化评估报告》和中国极端事件灾害风险与适应国家评估。

另外，在气候资源评估方面，完善了气候可行性论证技术体系，并完成了652项气候可行性论证。

（三）气象为农服务

中国气象局始终坚持把为农服务作为气象服务的重中之重，大力推进农业气象服务体系和农村气象灾害防御体系的融入发展和提质增效，坚持服务于保障国家粮食安全和重要农产品供给、致力于保障农民生命财产安全和增收致富。2014年，各级气象部门在完善农村基层气象防灾减灾组织体系、开展面向新型农业经营主体的“直通式”气象服务方面取得了显著成效。

截至2014年底，在各级政府主导下，全国已成立县级气象防灾减灾机构或气象为农服务机构1726个，1593个县出台气象灾害防御规划，2712个县出台气象灾害应急专项预案，12224个乡镇建立了气象灾害应急准备制度，建成标准化气象灾害防御乡（镇）500个。7.8万个乡镇气象信息服务站和73万余名气象信息员以及43.9万套大喇叭、19.3万块乡村气象电子显示屏等气象预警发布设施逐步融入农村基层综合公共服务平台。各级政府主办、气象部门承办、涉农部门协办的农村经济信息网覆盖31个省的270多个市（区）和1300多个县。建成的自动气象站已覆盖全国94%的乡镇，建成2075个土壤水分自动观测站，开展了全国35639个乡镇的天气预报，初步形成了覆盖全国的农村气象监测、预报和信息服务体系。

各级气象部门针对农业生产全过程积极开展有针对性的农业气象服务。2014年，中国气象局发布了《气候变化对中国农业影响评估报告》蓝皮书。国家、省、市、县四级气象部门在播种、田间管理、收获等不同农事活动期间开展田间调查23314次，为农业生产者提供农业气象条件监测预报信息近9万期（次）。与农业部联合推进面向新型农业经营主体的“直通式”气象服务，为2166个县54.8万农民合作社、种粮大户、家庭农场等农业经营主体提供了“直通式”气象服务，数量较2013年增长120%。为农业生产者提供干旱、低温冷害、霜冻等农业气象灾害监测评估预警信息服务4228期(次)。及时为粮食生产、经营及管理者合理安排粮食供销调度、储运、贸易等活动提供了不同时段的国内外粮棉油产量预测服务。

截至2014年底，完成主要农作物精细化农业气候区划3038项、主要农业气象灾害风险区划4167项，为农业生产决策部门部署农业生产和种植结构调整提供了科技支撑。建成农业防灾减灾和气候资源开发利用气象服务试点田1342块，示范推广农业气象适用技术483项。建成标准化现代农业气象服务县52个。

(四)城市气象服务

城市气象服务是城市防灾减灾体系的重要组成部分。为适应中国城市化进程和城市极端天气事件频发的新形势，中国气象局以实现城市气象服务社会化、标准化、融入式发展为目标，初步建立了城市内涝气象灾害风险预警服务业务，增强了城市精细化气象预警预报服务能力。

全国直辖市、省会城市和副省级城市开展了未来24小时、逐6小时的定量降水预报，初步建立了主城区精细到区级行政区、城郊区精细到重点乡镇的强对流天气落区短临预报业务。在直辖市等特大城市建立了小时雨强预报业务。全国有6个城市开展了空间分辨率小于5千米的精细化网格气象预报业务。

与住建部门联合印发《关于做好暴雨强度公式修订有关工作的通知》，制订《城市暴雨强度公式编制和设计暴雨雨型确定技术导则》，建立了城市暴雨评估技术体系以及指导城市排水防涝规划和工程设计中暴雨评估的工作机制。完成了 102 个城市的暴雨公式修订。会同城建、交通、水利、民政等部门联合开展暴雨洪涝气象灾害风险普查，绘制社区气象灾害风险图。

在北京、上海等 7 个试点城市开展城市内涝风险预警服务业务试点工作。在试点城市创建气象防灾减灾社区 135 个，建立社区气象信息服务站 689 个，发展社区气象信息员 3694 名，社区气象预警短信数据库共有联系人 4700 余人。制定社区气象灾害应急预案，开展社区气象灾害应急演练 80 次，在 116 个社区建立气象灾害应急准备制度。开展社区气象防灾减灾宣传 493 次，制作气象防灾减灾教材和明白卡向广大社区居民发放。

（五）海洋气象服务

中国沿海区域台风、大风、暴雨和海雾等海洋气象灾害频发，对当地经济发展和人民的生命财产安全构成严重威胁。中国气象局正逐步建立健全海洋气象业务系统，强化海洋气象监测预警，在 11 个沿海省（区、市）及国家气象中心开展了海洋气象灾害预警服务业务，建立了国家、省、地、县四级精细化海洋气象服务系统和预警信息发布平台，每天发布海上大风、海雾、海上强对流、台风等海洋灾害性天气预报预警信息。

2014 年，中国气象局升级改造山东石岛、浙江舟山、广东茂名和海南三沙等 4 个国家级海洋气象灾害预警广播电台，在沿海地区村镇建设海洋气象灾害预警服务站 2 万多个、预警大喇叭 2.4 万个，发展海洋气象灾害信息员 8.3 万余名。其中，浙江沿海地区建立海洋气象防灾减灾标准化乡镇(街道)522个、示范社区(村)458个、建设电子显示屏1300多块，沿海所有村镇均配备气象协理员和信息员。

沿海各级气象部门针对150个岛屿、64条航线、72个港口开展了专项预警服务，预报预警覆盖率比2013年提高了8%。在台风影响期间，以短信、传真和海上广播等方式向影响海域船务公司、客货运港口、渔民累计发送预警信息500余万条(次)。

强化了海上突发事件应急处置气象保障服务，全力做好海上应急演练和海上作业气象保障服务，积极开展马航失联客机搜救气象保障服务。

(六)环境气象服务

环境气象服务以大气成分和气象条件变化状况监测分析为基础，向广大公众和社会相关行业提供大气环境状况预报预警和生产生活建议，同时为政府环境治理决策提供科技支撑。

2014年，中国气象局组建了环境气象中心以及长三角、珠三角环境气象预报预警中心，制定了环境气象业务发展实施方案，建立了区域大气环境监测数据共享、信息通报和联合会商机制，搭建了集约化、协作化的环境气象工作体系。

积极推进建立国家、区域、省级气象和环保部门的定期沟通机制、会商机制和预警信息发布机制，联合开展重污染天气预报预警和决策服务，2014年，针对重污染天气过程，国家气象和环保部门开展联合会商36次。向全国大气污染防治协作小组及相关单位提供污染扩散条件、污染物卫星遥感监测、霾预警及应急减排效果评估等6

类 10 余种基础信息产品。建立了水平分辨率为 3～9 千米的区域环境气象数值预报模式和 54 千米的国家级业务模式，开展雾、霾 1～3 天短期预报预警和 10 天旬预报，以及区域重污染天气预警、大气污染气象条件评估。开通了中国天气网环境气象频道，利用国家突发事件预警信息发布系统及气象部门信息发布网络，面向公共媒体提供环境气象监测预警和解读信息，累计受众达 1.3 亿人次。

开展 APEC 会议期间重污染天气气候背景、特征分析及重污染天气风险评估，为京津冀区域采取有效减排措施提供科学依据。区域内各省级气象和环保部门建立了会商机制和预警信息联合发布机制，发布 APEC 会议重要活动精细化空气质量预报，形成了大气环境保障合力。

（七）交通气象服务

交通气象服务旨在减少气象灾害及其次生灾害对公路交通的影响，保障公众公路出行安全，促进公路交通相关行业防御气象灾害。为提高公路交通气象服务能力，中国气象局和交通运输部联合加强专业观测站点建设和气象服务预报预警工作，在公路交通气象预警平台建设、公众出行信息网络建设、重大公路交通气象预警和节假日交通气象服务等方面均取得了显著成效。

2014 年，中国气象局完成了全国 14 条高速公路和 5 条西部国道交通气象灾害风险普查，建立了公路交通气象监测数据上传和共享通报制度，实现全国公路交通监测数据业务化应用和全国 853 个交通监测站点数据的实时共享。

组织开展交通气象精细化要素预报和高影响天气预警业务试点，制定了高速公路短时临近预报预警业务规范，建立了交通高影响天气的短时临近预报方法。试点建立短临预报业务，实现全国31个省(区、市)公路交通气象服务系统的业务化运行。

(八)旅游气象服务

旅游气象服务主要针对公众旅行生活气象服务要求，保障公众旅行安全，促进旅游行业效益提升。国家旅游局和中国气象局联合开展了旅游气象观测系统建设、节假日旅游气象预报服务和旅游景区气象灾害防御工作，加强和规范了旅游气象信息的发布工作。

2014年，全国发布4A级以上旅游景点气象预报、灾害性天气预警、旅游天气提示等气象信息累计达1.2万余条(次)。联合国家旅游局共同开展春节、春季赏花、“十一”黄金周等专题气象保障服务。

开展全国22个重点景区旅游气象服务标准化试点建设。在安徽黄山、湖南张家界等17个省区90多个气象灾害易发景区建立了589个旅游气象灾害监测点和100余个雷电监测点。开展景区气象灾害风险普查，研发雷电、暴雨、山洪等主要气象灾害监测预警指标。

(九)能源气象服务

围绕国家能源安全和能源结构重大战略调整的部署，中国气象局积极提升能源气象服务能力，为政府部门制定可再生能源促进政策、发展规划和路线图、落实光伏扶贫政策提供决策依据，满足企业发展规划、电站工程设计运行、电网运营等生产建设需求。

2014 年，利用新一代精细数值模拟评估技术，中国气象局制作发布《全国风能资源评估成果(2014)》，应用于国家可再生能源“十三五”发展规划和省级区域规划、2050 年高比例可再生能源发展情景暨途径研究。发展复杂风场资源校核、工程优化设计技术，提升项目年发电量 5%～10%。发布《中国风能太阳能资源年景公报(2014)》，为客观评估电站的运行管理提供了科学依据。

风能、太阳能预报技术和服务能力显著提升。2014 年，中国气象局为全国 433 个风电场、光伏电站提供实时预报服务。通过国家风能、太阳能数值预报服务平台，向风能、太阳能行业提供中国自主研发的公益预报服务产品。组织完成 5 项国家或行业风能、太阳能资源标准的审查，对 12 项标准征求了意见。

2014 年，研发建立气象和电力专业领域高度融合的高分辨率电力气象专业预报服务业务，开展了输电线路舞动、风偏、污闪等电网事件预报预警服务。

(十)流域水文气象服务

流域水文气象服务是以定量降雨预报和实时洪水预报技术，监测、预报降水变化对江河流域水情影响的气象服务。发展流域水文气象服务，对于提高流域防汛抗旱和水资源调度能力，确保大江、大河和水库的安全度汛具有重要作用。目前开展的流域水文气象服务主要是江河面雨量预报预警服务。

2014年，中国气象局组织开展了长江流域气象信息共享平台建设，实现长江流域12个省(市)水文、气象信息(气象监测产品、面雨量预报、风险预警等产品)的汇集、共享和拼图。完成了长江流域气象信息共享平台在流域各省(市)的应用。

2014年，中国气象局共发布全国七大江河流域及其子流域面雨量预报306次；发布全国渍涝风险气象预报38期，警报1期。

(十一)地质灾害气象服务

地质灾害气象预报预警服务是针对强降雨等气象条件引发的山体崩塌、滑坡、泥石流等地质灾害，由国土资源部和中国气象局合作开展的防灾减灾服务。中国是世界上地质灾害最严重、受威胁人口最多的国家之一。近年来，国土资源部和中国气象局不断加强地质灾害易发区监测系统建设，及时向公众、各级政府和相关部门，尤其是地质灾害易发区的基层农村发布地质灾害气象预报预警信息。

2014年，中国气象局与国土资源部联合对外发布《地质灾害气象风险预警》133期，其中橙色预警74期、黄色预警59期。地质灾害预警水平和精细化程度明显提高，实现了全国空间精度10千米(提前24小时发布)、区域或局地易发区空间精度5千米(提前3小时和6小时发布)的地质灾害气象预报预警。

截至2014年底，全国气象部门已有30个省(区、市)、323个市(区)、1880个县(市、区)建立了地质灾害气象预警体系。30个省(区、市)、237个市(区)、1070个县(市、区)气象部门与国土资源部门签署了合作协议，全面覆盖了全国地质灾害多发、易发的山地丘陵区。

全国已有 28 个省（区、市）、248 个市（区）、1243 个县（市、区）建立了地质灾害气象预报预警服务工作协调领导小组及联络组，26 个省（区、市）、245 个市（区）、1081 个县（市、区）建立了信息共享通道，30 个省（区、市）、303 个市（区）、2015 个县（市、区）建立了规范化的预警工作制度和业务规范。

（十二）森林草原火险气象服务

森林草原火险气象服务包括草原火险气象预报警报和森林火险气象预报警报服务。近年来，中国气象局积极加强与国家林业局和农业部的部门合作，着力发挥气象服务在森林草原防火工作中的作用，完善森林草原火灾监测信息互通机制和森林草原火灾扑救应急联动机制，森林草原火险气象预报预警信息发布工作取得了显著进展。

2014 年，中国气象局组织内蒙古、黑龙江、吉林三省（区）开展森林防火气象服务试点建设，并与国家林业局联合召开试点建设讨论会，研发了森林火险监测预警指标和方法，建立了火势蔓延模型。面向全国和 12 个森林草原防火重点省开展了 2 次火险天气气象服务系统技术培训，全面推进火险天气气象服务系统在省级业务单位的应用。国家级业务单位共发布全国森林火险气象预报 365 期、警报 35 期；发布未来一周全国森林火险气象预报 52 期；全国草原火险气象预报 58 期。

（十三）人工影响天气服务

人工影响天气是指在适当条件下，科学合理利用气候资源，对局部大气的物理、化学过程进行人工影响，实现增雨雪、防雹、消雨、消雾、防霜等目的的活动。人工影响天气服务为提高气象防灾减灾能力、应对气候变化以及开发利用气候资源提供了重要技术保障。

2014 年，国家发展改革委和中国气象局联合印发了《全国人工影响天气发展规划(2014—2020 年)》。中国气象局与吉林、辽宁、黑龙江、内蒙古等省(区)政府联合制定了《东北区域人工影响天气作业管理试行办法》，组织实施东北区域人工影响天气能力建设工程，完成两架高性能增雨飞机主要建设任务。制定印发了《全国人工影响天气业务发展指导意见》，加快各级人工影响天气业务体系建设。全国各地共开展飞机人工增雨作业 1151 架次、3151 小时，地面增雨防雹作业 41771 次。

(十四)气象科普

中国气象局积极承担《科学普及法》和《气象法》规定的科学普及义务，将气象科普作为重要基础性工作纳入气象防灾减灾体系建设。加大媒体宣传和图书出版等科普工作的投入力度，通过气象科普进学校、进农村、进社区、进企业、进工地等系列活动，不断扩大气象科普覆盖面，利用多种手段强化气象科普的通俗性，提高全民掌握和利用气象信息、合理安排日常生产生活、防御和减轻气象灾害影响的能力。

2014 年，全国 288 个气象科普教育基地共接待公众 128.7 万人次。全国建立校园气象站 1150 个，参加校园气象科普活动的公众达 49.5 万人次。各级气象部门利用世界气象日、防灾减灾日等重要时间节点，组织开展各具特色的气象科普活动5278次，邀请专家9932人次，参与公众达570.4万人次。

气象影视科普取得了可喜成果。近年来，先后合作拍摄了《变暖的地球》《气候变化与粮食安全》等气候变化相关重大题材科普影视作品，蝉联两届金鸡奖最佳科教片奖。2014年，中国气象局联合中组部，在党员远程教育频道开播《气象万千》节目。联合科技部、教育部、共青团中央、中国科协以及各地高校开展“气象防灾减灾宣传志愿者中国行”、“应对气候变化中国行”等活动，取得了良好的社会效果。

制作科普宣传品3309种(其中图文类2100种，影视动漫类366种，游戏类52种，宣传品718种，其他73种)，累计发放474.6万份。

（十五）其他

为适应社会日益多样化的气象服务需求，近年来，中国气象部门积极开展健康卫生、生活指数等与公众生活密切相关的气象服务，取得了良好的社会效果。

结合当前公众对雾、霾天气的关注，增加了雾、霾、空气质量对人体健康生活影响分析的气象服务。试点建立健康气象预报服务平台，与地方疾控预防中心联合在社区卫生服务中心发布感冒、儿童哮喘气象风险预报产品。与教育部门合作在幼儿园开展健康气象服务评估一体化的试点工作，通过手机短信、电邮等方式向家长及老师提供预报产品。

目前，中国气象部门开发的与公众生活密切相关的生活指数类气象服务产品已达数十种，涉及出行、旅游、娱乐、健康、运动、空气质量等方面，为提升中国公众生活质量和气象灾害防御能力发挥了积极的作用。

结束语

回顾2014年，在国家改革发展的总体形势下，中国气象局坚持走中国特色气象发展道路，坚持公共气象发展方向，以改革创新、提质增效为主线，着力推进气象现代化和气象改革，加快构建中国特色现代气象服务体系，公共气象服务取得了可喜的进展。气象预报服务成绩突出，气象防灾减灾体系建设进一步加强，应对气候变化和生态文明建设气象保障成效明显，全面推进气象现代化进展顺利，气象改革稳步推进，现代气象业务建设进展良好，依法发展气象事业逐步深入。

2015年，中国公共气象服务工作将主动适应经济发展新常态，坚持公共气象发展方向，坚持以提高气象事业发展质量和效益为中心，加快转变气象事业发展方式，狠抓改革攻坚，突出创新驱动，强化法治建设，推进气象现代化，提升气象保障全面建成小康社会的能力和水平。

附　录

中国公共气象服务的发展历程

新中国的诞生，为中国气象事业发展开辟了广阔的前景。1949年12月8日，中央人民政府革命军事委员会气象局成立。1950—1952年，在中国国民经济建设三年恢复时期，气象部门在做好为军事气象服务的同时，逐步开展了为经济建设和防灾减灾的气象服务。1954年，全国气象工作会议确定了“要为国防现代化、国家工业化、交通运输业及农业生产、渔业生产等服务，防止或减轻人民生命财产和国家资产的损失，积极支援国家各种建设”的五年气象工作方针。1957—1965年，在国务院领导的关怀和支持下，气象部门顺利完成了由“主要为国防建设服务”向“主要为经济建设服务”的工作重点转移，确立了气象服务以农业为重点的指导思想，按照国家行政体制建立了全国气象服务网，较好地满足了这一时期经济建设和国防建设对气象服务的需要。

从中国共产党十一届三中全会召开到20世纪末，中国公共气象服务全面发展，初步建立了新的气象服务体系和运行机制。各级气象部门广泛开展了决策气象服务、公众气象服务、专项气象服务、专业气象服务和科技扶贫服务等多种类型的气象服务。服务的内容由单纯的气象信息服务发展到气象信息、适用技术和气象工程服务，服务产品包括天气预报、气象情报、气象资料、气候分析应用、气象卫星信息分析应用、气象适用技术、气象雷电灾害防御、人工影响天气等。1999年10月31日，《中华人民共和国气象法》正式颁布并于次年1月1日起施行，标志着气象事业走上法制化轨道，保证了气象服务健康发展。

进入21世纪，中国公共气象服务得到快速发展。中国气象局确立了“公共气象、安全气象、资源气象”的事业发展新理念。2000年第四次全国气象服务工作会议提出，气象服务是气象事业的立业之本。2008年9月第五次全国气象服务工作会议明确要求坚持公共气象的发展方向，加快推进公共气象服务业务化、服务队伍专业化和服务机构实体化建设。2008年组建了中国气象局公共气象服务中心，2009年成立了中国气象局应急减灾与公共服务司，各省、区(市)相继成立了气象服务中心和相应的管理部门，为进一步做好公共气象服务提供了组织保证。气象部门紧紧围绕国家需求和全面推进气象现代化的要求，以气象为农服务“两个体系”建设为抓手，强化基层防灾减灾体系，形成了“政府主导、部门联动、社会参与”的工作机制，提升公共气象服务的科技内涵，推动气象服务品牌建设与发展，不断拓宽公共气象服务的覆盖面，公共气象服务满意度稳步提高，气象服务成效显著。

2014年10月31日，中国气象局在北京召开第六次全国气象服务工作会议，提出加快构建中国特色现代气象服务体系。坚持走中国特色气象发展道路，坚持面向民生、面向生产、面向决策，提升气象服务能力。坚持公共气象发展方向，深化气象服务体制改革。建立科学有效的管理体制和富有活力的运行机制，开放、多元的气象服务参与体制，规范和有序发展的气象服务市场体系。全面推进气象服务业务现代化、服务主体多元化和服务管理法治化建设。更好地发挥政府在公共气象服务方面的主导作用、气象事业单位在提供公共气象服务方面的主体作用，以及市场在气象服务资源配置中的作用，全面提高气象服务的效益。

新中国气象服务事业的发展历程充分表明，正是因为坚持走中国特色气象发展道路，把气象服务作为气象工作的出发点和归宿，把保护人民生命财产安全以及为国民经济建设和国防建设服务作为气象服务的根本宗旨，气象服务才得到健康、快速、持续的发展。中国公共气象服务必将为全面建成小康社会、实现中华民族伟大复兴的中国梦做出新的更大贡献。